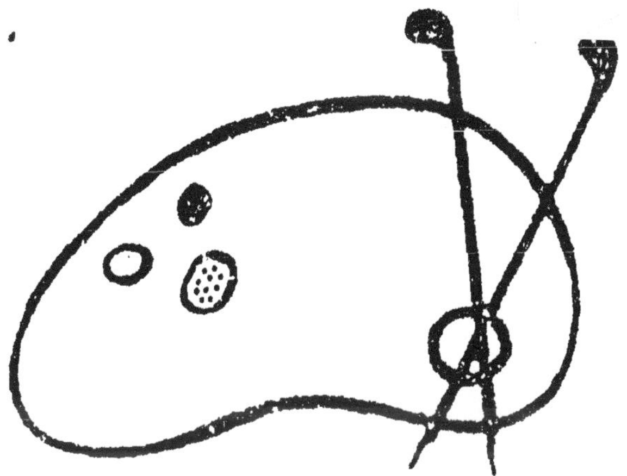

Début d'une série de documents
en couleur

N° 75

Prix 10 centimes.

VITICULTURE

LE PHYLLOXERA

L. BOULANGER, éditeur, 90, boul. Montparnasse, PARIS.

LE LIVRE POUR TOUS

VOLUMES PARUS

1. **Hygiène** : *La santé.*
2. **Médecine** : *Les maladies et les remèdes.*
3. **Science** : *La photographie.*
4. **Littérature** : *La littérature française.*
5. **Géographie** : *L'Afrique française.*
6. **Armée** : *Le service militaire.*
7. **Science** : *L'astronomie.*
8. **Histoire** : *Histoire romaine.*
9. **Horticulture** : *Les fleurs.*
10. **Travaux manuels** : *La couture.*
11. **Hygiène** : *Les falsifications.* Aliments.
12. **Hygiène** : *Les falsifications.* Boissons.
13. **Armée** : *Les écoles militaires.* Saint-Cyr.
14. **Finances** : *Les douanes.*
15. **Enseignement** : *Grammaire anglaise.*
16. **Médecine** : *Anatomie et physiologie.* Appareil digestif.
17. **Économie sociale** : *Les impôts.*
18. **Science** : *Eléments d'arithmétique.*
19. **Littérature** : *La littérature française.* Le XVIe siècle.
20. **Économie sociale** : *L'épargne.*
21. **Droit** : *La justice de paix.*
22. **Géographie** : *L'Europe.*
23. **Économie sociale** : *Les assurances.*
24. **Science** : *L'électricité.*
25. **Beaux-Arts** : *La peinture sur porcelaine.*
26. **Agriculture** : *Les engrais.*
27. **Littérature** : *La littérature française.* XVIIe siècle, 1re période.
28. **Économie domestique** : *La cave et les vins.*
29. **Droit civil** : *Les enfants.*
30. **Science** : *Botanique*, 1re partie.
31. **Hygiène** : *La première enfance.*
32. **Arts d'agrément** : *Les feux d'artifice.*
33. **Science** : *La chimie.*
34. **Horticulture** : *Les arbres fruitiers.*
35. **Droit civil** : *Le mariage.*
36. **Géographie** : *La Russie.*
37. **Agriculture** : *La viticulture.*
38. **Arts d'agrément** : *La pêche.*
39. **Littérature** : *La littérature française.* XVIIe siècle, 2e période.
40. **Science** : *Botanique.* La vie des plantes, 2e part. Fleurs et fruits.
41. **Science** : *Les microbes.*
42. **Arts d'agrément** : *La chasse.*
43. **Géographie** : *L'Allemagne.*
44. **Histoire** : *La France*, 1re partie.
45. **Littérature** : *La littérature française.* XVIIIe siècle.
46. **Science** : *L'homme préhistorique.*
47. **Géographie** : *L'Océanie.*
48. **Littérature** : *La littérature française.* XIXe siècle.
49. **Histoire** : *La France*, 2e partie.
50. **Enseignement** : *Grammaire anglaise.* Syntaxe et prononciation.
51. **Science** : *Cosmographie*, 1re part.
52. **Science** : *Cosmographie*, 2e partie.
53. **Métiers** : *L'imprimerie.*
54. **Histoire** : *Histoire de France.*
55. **Métiers** : *La typographie.*
56. **Cuisine** : *L'office.*
57. **Travaux manuels** : *Le tricot.*
58. **Cuisine** : *Les viandes*, tome I.
59. **Cuisine** : *Les viandes*, tome II.
60. **Histoire** : *Histoire ancienne.*
61. **Science** : *Torpilles et torpilleurs.*
62. **Médecine** : *La rage et l'Institut Pasteur.*
63. **Armée** : *Les fusils à répétition.*
64. **Science** : *Les tremblements de terre.*
65. **Armée** : *Les projectiles.*
66. **Science** : *Les ballons dirigeables.*
67. **Armée** : *Les mitrailleuses.*
68. **Science** : *L'électricité au théâtre.*
69. **Industrie** : *Le canal de Suez.*
70. **Industrie** : *Les aiguilles.*
71. **Armée** : *Les canons.*
72. **Industrie** : *Les locomotives.*
73. **Science** : *La lumière électrique.*
74. **Industrie** : *Les mines.*
75. **Viticulture** : *Le phylloxera.*
76. **Industrie** : *Le tissage de la soie.*
77. **Grandes écoles** : *La manufacture de Sèvres.*
78. **Hygiène** : *L'alcool.*
79. **Grandes écoles** : *Les Gobelins.*
80. **Beaux-Arts** : *Les faïences anciennes.*

10 centimes le volume.

LE LIVRE POUR TOUS

Aujourd'hui un livre, quel qu'il soit, ne peut compter sur un grand succès durable que s'il est tellement *bon marché* que tout le monde puisse l'acheter sans compter, s'il est *tellement intéressant* et utile, que tout le monde dise : « *Je veux le lire, l'avoir et le garder.* »

Or il n'y a pas de livres d'un intérêt plus réel, d'une utilité plus pratique et plus constante que ceux qui fournissent des *renseignements précis et complets* sur ce que tout le monde veut savoir et doit connaître.

Mais ces livres d'information et de référence ne sont vraiment bons qu'à la condition d'être des guides toujours sûrs, des conseillers toujours prêts à répondre exactement aux nombreuses questions que l'on a sans cesse à résoudre. Ils doivent être méthodiques, exacts, clairs, faciles à manier, commodes à emporter partout avec soi. Ils doivent en outre constituer dans leur ensemble la meilleure et la plus parfaite des encyclopédies; et en même temps chacune de leurs parties doit former un tout distinct, de telle sorte que celui qui veut se contenter de cette partie unique y trouve tout ce dont il a besoin.

Un dictionnaire ne peut réunir ces avantages : s'il est volumineux, il est cher et par conséquent pas à la portée de tous; s'il est petit, il est restreint, et les articles en sont nécessairement écourtés, incomplets. De plus le dictionnaire renvoie d'un mot à l'autre, il ne peut se lire à la suite, il contient des redites. Les manuels, les traités sont évidemment plus utiles, mais ils sont d'ordinaire d'un prix élevé, surtout quand il s'agit de questions spéciales ou scientifiques ou techniques.

Nous avons pensé qu'il restait à créer une collection réunissant, à la fois, l'utilité des dictionnaires et celle des manuels, et d'un prix si minime que tout le monde puisse se la procurer.

Nous avons donné à cette collection un titre général disant d'un mot ce qu'elle est :

Le Livre pour tous, c'est-à-dire le livre indispensable à tout le monde, le livre auquel on doit avoir recours en toute occasion et qui mérite toute confiance.

Le Livre pour tous donne à tous les connaissances nécessaires à tous. Il est le vade-mecum de toute instruction pratique, le répertoire de toutes les sciences usuelles.

Le Livre pour tous est le livre de tous ceux qui travaillent, qui étudient, qui s'informent, qui veulent s'éclairer, c'est-à-dire tout le monde.

Ce qui distingue notre collection de toutes celles que l'on a publiées dans le même genre et ce qui fait sa supériorité sur toutes les compilations adressées aux lecteurs sous prétexte de vulgarisation, ce qui doit lui donner la préférence sur les dictionnaires et les manuels, c'est, nous le répétons :

1° Le *bon marché*. Chacun de nos volumes ne coûte que 10 centimes, et contient comme texte le tiers d'un volume ordinaire de 300 pages vendu 3 fr. 50 et même de 4 à 6 francs.

2° L'*abondance et l'exactitude des renseignements*. — Chacun de nos volumes est rédigé avec le plus grand soin par des auteurs compétents d'après les travaux les plus récents et les plus autorisés.

3° La *commodité du format*. — Chacun de nos volumes peut facilement tenir dans la poche, on peut l'emporter avec soi à la promenade, le lire en voiture, en omnibus, en chemin de fer.

4° La *clarté du texte*. — Les volumes sont imprimés en caractères neufs, lisibles sans fatigue, et les matières sont disposées de telle sorte que d'un coup d'œil on trouve ce que l'on cherche.

5° La *valeur documentaire*. — Chaque volume forme un tout; mais l'ensemble des volumes forme une encyclopédie. Dans chaque volume, chaque sujet est traité à fond. De plus chaque volume est accompagné de documents, de tables de références, de tables statistiques, etc., qui sont d'un usage précieux.

Il suffit d'avoir sous les yeux un seul de nos volumes pour se rendre compte de l'importance de notre collection et des services qu'elle rend.

Tous les volumes de la collection sont rédigés avec le même soin, d'après la même méthode et dans le même but d'utilité.

N. B. **Le Livre pour tous** *peut être mis dans toutes les mains. C'est la meilleure récompense à donner aux élèves dans toutes les écoles. C'est la collection la plus utile à tout le monde.*

L'éditeur-gérant : L. BOULANGER.

Sceaux. — Imp. Charaire et Cie.

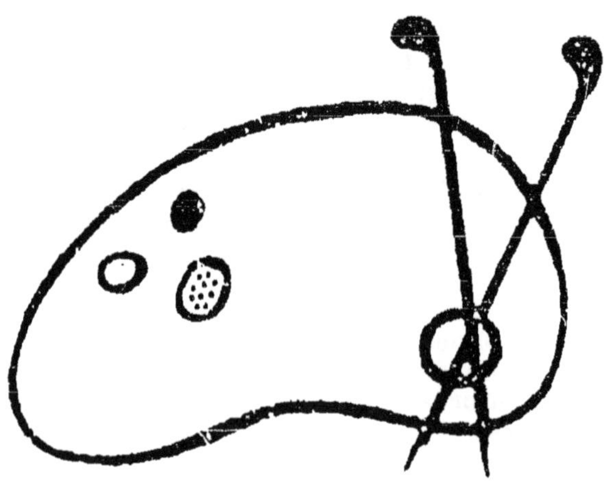

Fin d'une série de documents
en couleur

LE PHYLLOXERA

LE PHYLLOXERA

Le phylloxera est le plus terrible et le plus cruel des ennemis qui aient jamais attaqué la vigne.

Il ne se contente pas de la faire souffrir, d'amoindrir, de gâter où même de supprimer momentanément sa récolte, il la détruit.

Ce n'est pas une maladie, comme la pyrale et l'oïdium, qui ont laissé de si fâcheux souvenirs, c'est la mort.

La mort épidémique se communiquant de cep à cep, de vigne à vigne, de pays à pays, marchant assez lentement, mais sûrement et ne laissant après elle que du bois desséché et des racines pourries.

Sauf, quelques cas foudroyants assez rares, un vignoble attaqué dure généralement trois ans, la première année on ne s'aperçoit pas du mal, la récolte n'a rien d'anormal, les observateurs peuvent constater seulement qu'après la vendange les feuilles tombent beaucoup plus tôt qu'à l'ordinaire.

La seconde année la vigne bourgeonne difficilement, la végétation est maigre, la récolte diminuée de plus de moitié, les feuilles, qui ont eu tant de mal à pousser tombent de bonne heure, quelquefois même avant la vendange.

La troisième année, il n'y a plus ni bourgeons, ni pousses, la vigne est morte, épuisée par un mal invisible, toutes ses racines et ses radicelles sont pourries.

Ce mal invisible, c'est le phylloxera qui attaque le cep par les racines, et de préférence par les radicelles, plus tendres pour l'introduction de son petit suçoir et plus succulentes pour sa nourriture.

Le fléau se propage par *taches :* c'est le nom qu'on donne aux points d'attaques, d'après l'expression très heureuse de M. Gustave Bazille, car la maladie a tout à fait l'apparence de la tache d'huile, s'agrandissant toujours.

Au centre de la tache, si l'attaque remonte à quelques années — et l'on ne peut guère s'en apercevoir autrement — sont quelques ceps complètement morts, autour une ceinture de ceps ayant peu de feuilles et ne donnant pas de fruits ; plus loin, nouvelle ceinture de ceps qui paraissent très bien portants.

Mais il ne faut pas se fier à l'apparence ; ces ceps atteints, déjà, sont condamnés ; pour s'en convaincre il suffit de regarder aux racines, on constate alors qu'elles sont, et principalement les petites, plus ou moins couvertes de renflements jaunâtres ou bruns.

Sur les premiers on voit — c'est-à-dire on verrait à la loupe car l'insecte n'a pas un millimètre de longueur — des phylloxeras occupés à pomper le suc de la plante.

Sur les bruns, il n'y a plus rien, ils ont déjà été abandonnés par les parasites et vont bientôt tomber en putréfaction.

Quand ces ceps, d'apparence encore luxuriante, seront complètement vides de sève, les phylloxeras iront sur d'autres un peu plus éloignés, et ainsi de suite, toujours, toujours, jusqu'à ce que tout le vignoble y passe, et ce ne sera pas long, car ils se multiplient pendant ce temps-là, et d'une terrible manière.

Depuis 1863, époque à laquelle le phylloxera commença son premier foyer d'infection, au plateau de Pujaut, dans les environs de Tarascon, le fléau — qui a pris un second point d'attaque en 1866, dans les palus de Floirac près de Bordeaux

— le fléau a déjà dévoré complètement plus de sept cent mille hectares de vignes et ravagé, plus ou moins, un million d'autres hectares.

Sans compter les départements de l'Aude, de l'Hérault et du Gard, où il n'y a plus de phylloxeras parce qu'il n'y a plus de vignes à détruire, plus de quarante départements sont plus ou moins phylloxérés et malheureusement on ne peut pas dire encore que ce soit fini.

Racine et radicelles couvertes de phylloxeras.

Comme on le voit, c'est un véritable fléau, un malheur national, et cela explique le nombre incalculable de rames de papier qui ont été noircies à ce sujet, bien plus intéressant qu'on ne le croyait d'abord et si longtemps mal connu; cela explique aussi la kyrielle de remèdes, tous plus infaillibles les uns que les autres, qui ont été préconisés à coups de grosse caisse, par des inventeurs... avant la lettre, dont le charlatanisme avait même fini par empêcher de prendre la question au sérieux

Nous ne nous attarderons pas à cette première phase, qui n'a rien produit de bien certain, si ce n'est la connaissance du phylloxera et son origine, connaissance très superficielle, du reste, car dans le principe on ne croyait pas qu'il existât autrement que sous la forme aptère, tandis qu'il y en aussi d'ailés, comme nous le verrons plus loin.

Le phylloxera est un insecte qui tient le milieu entre le puceron et la cochenille; d'une longueur moindre qu'un millimètre, il est de forme ovale et d'un brun jaune assez clair pour qu'on puisse l'apercevoir à l'œil nu sur l'écorce de la vigne, mais pas toujours sur les racines.

Phylloxera aptère, vu en dessous.

Sa tête arrondie en avant est armée de deux antennes comme celles des hannetons et de deux yeux bruns taillés à facettes, sa trompe ou suçoir développée comme celle des mouches, a de plus à l'extrémité trois soies très déliées, qui ressemblent aux stylets dont est armée la punaise et qui jouent, d'ailleurs le même rôle.

Le corps est subdivisé par des sillons transversaux qui se continuent dessus et dessous, en une dizaines de segments chargés d'un certain nombre de tubercules placés symétriquement ; quant aux pattes, elles sont relativement courtes et terminées par des petits crochets qui permettent au phylloxera de se fixer solidement là où il se pose.

Il paraît qu'il est originaire d'Amérique, à qui nous devions déjà pas mal de chose désagréables, mais cela ne fait rien à l'affaire, l'important n'étant pas de savoir d'où il vient, mais quand et comment il s'en ira.

C'est l'opinion de Jean-Baptiste Dumas, secrétaire perpétuel de l'Académie des sciences, qui est mort président de la Commission supérieure du phylloxera. Mais nous allons emprunter à un mémoire, qu'il a lu il y a une douzaine d'années à la Société d'Encouragement, des choses beaucoup plus utiles : savoir l'historique de la question du phylloxera et les mœurs de l'insecte.

Pour arriver, par analogie, au phylloxera. M. Dumas a parlé dabord de la pyrale, autre fléau qui avait ravagé nos vignes et dont on est parvenu à se débarrasser, grâce aux moyens pratiques imaginés par M. Raclet, mais d'après les données de la science.

« Il n'est pas tout à fait exact, a dit l'illustre savant, d'attribuer à M. Raclet dont je n'entends pas contester le mérite, et à qui la reconnaissance du pays est due, l'invention absolue des procédés employés pour la destruction de la pyrale. Il est très rare, en effet, que les agriculteurs trouvent immédiatement le remède à une maladie qui apparaît tout à coup.

« Ce n'est pas l'*empirisme*, mais la *science* qui montre le chemin par lequel on peut parvenir à combattre le mal, et la *pratique* ne vient, en général, que pour exécuter et réaliser les procédés dont la science a fourni les principes. Examinons quel a été, en effet, le rôle de la science dans cette circonstance.

« En 1838 et en 1839, la pyrale fut signalée en Bourgogne et fit de grands ravages. Les tentatives diverses qui furent faites pour en combattre l'action étaient toutes infructueuses.

« C'est alors que la science fit connaître : 1° que dans une certaine partie de son existence la pyrale est un papillon nocturne; 2° qu'elle pond ses œufs au dos de la feuille de la vigne, à laquelle ils adhèrent en formant des plaques nacrées faciles à reconnaître; 3° que de ces œufs sortent, en juillet, des chenilles qui font un fil d'une certaine longueur et qui restent suspendues, en l'air, à son extrémité, jusqu'à ce qu'un mouvement de l'air les mette en contact avec le cep, elles se détachent alors, descendent dans le sol et s'enfouissent sur le cep, à quelques centimètres de profondeur. Elles passent l'hiver ainsi, et au printemps elles remontent sur le pied de vigne, dévorent tout ce qu'elles rencontrent, les bourgeons, les feuilles nouvelles, et elles causent presque la destruction de la plante ; puis elles se transforment en chrysalides et se cachent, à cet effet, dans les plis des feuilles de la vigne tordues en cornets. Elles en sortent à l'état de papillons.

« Il fallait découvrir les faits qui constituent les mœurs de l'ennemi qu'on avait à combattre. C'est la science qui s'en est chargée, en la personne de M. Audouin, membre de l'Académie; la pratique a ensuite exécuté les procédés qui en dérivent.

« L'insecte était un papillon nocturne : on a allumé des feux la nuit, dans les vignes, et un grand nombre de papillons sont venus s'y consumer. L'insecte quitte le cep pour aller se cacher en terre : on a goudronné le pied des ceps et la terre environnante. Les œufs sont en plaques visibles sur les feuilles : on a enlevé les feuilles à la main. Sachant l'action délétère de l'acide sulfureux sur les insectes : on a brûlé du soufre à l'extrémité des échalas où ils s'étaient cachés.

« Tous ces moyens, indiqués par M. Audouin étaient efficaces, mais ils n'étaient pas suffisamment actifs ou étaient trop dispendieux; c'est alors que M. Raclet, s'appuyant sur une des parties les plus curieuses des mœurs de l'insecte, son hibernation en terre, a trouvé qu'on opérait la destruction complète de l'insecte en arrosant le pied de la vigne avec un litre environ d'eau bouillante ; mais, pour en venir là, il fallait savoir que c'était dans ce lieu d'élection qu'on trouverait l'ennemi qu'on voulait détruire, et qu'il y serait engourdi et hors d'état de fuir pour se soustraire à la destruction, c'est ce qu'avait trouvé M. Audouin.

« Les choses se passeront de la même manière en ce qui concerne le phylloxera. Hormis les succès que M. Faucon a obtenus par la submersion de ses vignes, aucune des si nombreuses tentatives faites pour combattre le fléau n'a eu d'effet utile, non pas qu'on manque d'insecticides efficaces, ils sont au contraire très nombreux, mais, quand ils ne détruisent pas la vigne elle-même, ils sont sans action utile sur l'insecte qu'on ne peut pas atteindre, ou dont les habitudes sont inconnues aux inventeurs de remèdes.

« Lorsque l'Académie des sciences s'est occupée de ce sujet, elle a demandé, avant tout, qu'on fît connaître l'insecte et ses mœurs dans toutes les phases de son existence. Tant que cette étude ne sera pas complète, on ne pourra faire que des efforts impuissants en portant ses coups dans les ténèbres contre un ennemi inconnu ; mais, lorsqu'on l'aura complétée, on en déduira, j'en ai l'assurance, des moyens raisonnés et certains pour combattre le fléau.

« Dès à présent on peut résumer les connaissances acquises, faire connaître l'état d'avancement de ces études et signaler les espérances qu'elles donnent pour l'avenir.

« A l'apparition du mal deux opinions se sont produites et ont partagé les observateurs. Les unes ont considéré le dépérissement de la vigne comme une maladie propre à la plante elle-même ; ils ont regardé l'inscete comme un parasite vivant des sucs viciés par cet état, dont la cessation produirait sa propre disparition. Les autres ont attribué la souffrance du végétal à l'existence de l'insecte par lequel il était envahi, qui altérait ses racines, et qui par sa prodigieuse multiplication compromettait son existence. On en est venu, je crois, a être à peu près d'accord aujourd'hui. En effet, quelle que soit l'opinion adoptée, les conséquences pratiques qu'on en a déduites ont été les mêmes. On s'accorde d'un part à bien nourrir la plante avec le meilleur engrais possible, afin de lui donner de la résistance contre le mal qui l'épuise, et, d'autre part, à détruire l'insecte, cause ou effet, dont la présence, dans tous les cas, exerce un effet nuisible sur la végétation.

« A l'égard des conditions d'existence et des habitudes de l'insecte on s'est demandé, avant tout, comment il se reproduisait, et s'il s'écoulait entre deux générations successives un temps court ou un temps très long! Quelques analogies avaient porté à penser qu'il mettait un an à se reproduire, mais l'observation a démontré que cet intervalle était beaucoup plus court et ne dépassait pas vingt jours.

« Vingt jours après sa naissance, sans fécondation nouvelle, une femelle pond trois œufs par jour pendant vingt ou trente jours au moins et probablement beaucoup plus. Cette multiplication se répète pour chacun de ses descendants avec une progression d'une effrayante rapidité, depuis le 15 avril jusqu'au 15 octobre! Voilà comment un seul insecte, une unité survenant au printemps, produit à l'automne 12 à 15 millions d'individus qui s'entassent pressés l'un contre l'autre sur les racines, en les recouvrant d'une manière aussi continue que l'épiderme de la peau recouvre notre doigt. On a de la peine à se représenter une aussi effrayante fécondité !

« On a cherché ensuite à savoir si cette fécondation innée des femelles n'était pas remplacée, à une certaine période, par un accouplement régulier. Cette recherche a été difficile et elle n'a rien produit tant qu'on s'est borné à observer le phylloxera de la vigne. Heureusement il existe sur le chêne un insecte analogue plus facile a étudier, et il a servi à faire connaître la voie qu'on devait suivre.

« On a reconnu, en effet, que vers la fin de l'automne les

phylloxeras pondent des œufs particuliers, n'ayant ni la taille ni la couleur de ceux des générations précédentes. Il en sort des insectes mâles et femelles qui sont différents de ceux qui les ont produits. Il sont dépourvus d'appareils de succion et de digestion, incapables dès lors de se nourrir, et ces appareils sont remplacés par des organes mâles et femelles. Aussitôt nés ils s'accouplent et produisent un œuf, d'où nait une femelle qui pourra reproduire l'espèce pendant une longue suite de générations, sans fécondation nouvelle.

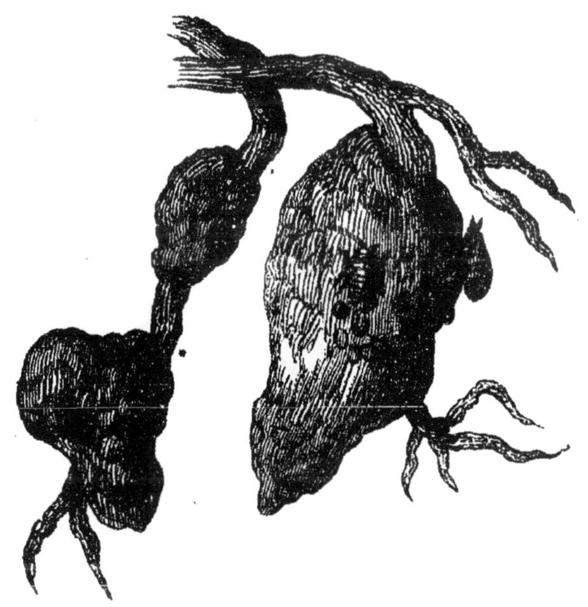

Phylloxeras pondant sur les renflements des radicelles.

« Ces résultats sont dus à M. Balbiani, qui les a observés sur l'insecte du chêne et à M. Maxime Cornu qui les a constatés sur celui de la vigne, et ils jettent un jour singulier sur les principales circonstances de l'existence de ces êtres singuliers.

« Il est encore une troisième forme sous laquelle le phylloxera peut apparaître, et elle doit aussi être étudiée avec attention; c'est la forme ailée. L'insecte qu'on observe généralement sur les racines de la vigne est aptère; il peut se transporter à de petites distances et marche même assez vite, mais il ne peut pas traverser de grands espaces, et son existence serait bientôt éteinte par la ruine des ceps qu'il aurait fait périr, si la nature n'y avait pas pourvu.

« En juillet et plus tard, on observe qu'il peut être transformé en un insecte ailé ressemblant un peu, en petit, à une mouche ordinaire. Pour cela il faut qu'il ait été alimenté par une nourriture particulière, qui est le suc plus substantiel et

Phylloxera en mue, pendant la pousse de ses ailes.

plus riche des extrémités les plus vivantes et les plus jeunes des radicelles de la vigne et non le suc des grosses racines. Par l'influence de cette nourriture, les phylloxeras prennent des ailes, ils remontent à la surface du sol et il sont enlevés et transportés par le vent, à d'assez grandes distances. Ils sont, d'ailleurs, en tout pareils aux autres individus femelles, dont ils ne diffèrent que par leurs ailes et vivent et se nourrissent comme eux; ils ont un ovaire mais ne donnent naissance qu'à trois œufs, d'où sortent les individus sexués, capables de s'accoupler.

« Cette étude des mœurs du phylloxera se continue et fait chaque jour des progrès nouveaux, mais dès à présent, et dans son état actuel, elle laisse concevoir l'espoir qu'on en retirera des applications utiles à une époque peu éloignée; on peut même déjà reconnaître les époques où la destruction de cet insecte peut être tentée avec le plus de chances de succès. M. Faucon, guidé par la pensée que la maladie de la vigne était due à la présence du parasite qui l'épuisait, a inondé ses

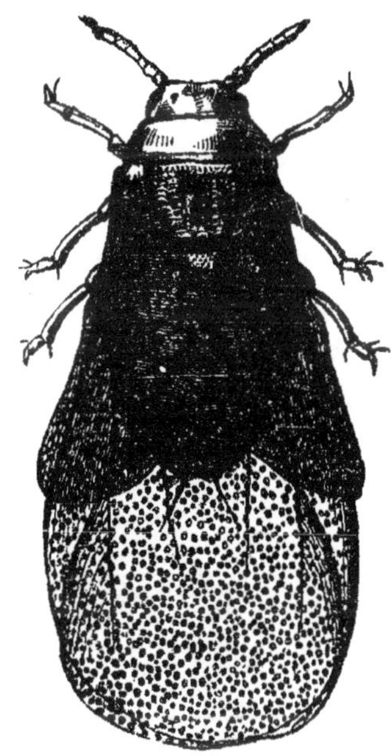

Femelle ailée.

vignes pendant l'hiver. A cette époque l'insecte engourdi et inerte était dans l'impossibilité de se soustraire à la destruction et le succès de l'opération était assuré. Au printemps, en effet, les phylloxeras se réveillent, pondent et les jeunes apparaissent doués d'une grande activité. Mais alors, comme on est à l'origine de la période annuelle, la mort de chaque individu supprime les millions qu'il aurait produits pendant l'année. En automne, d'autre part, la destruction des mâles et femelles empêcherait la naissance des innombrables générations, fécondées pour un long avenir, qui sortiraient de leurs œufs.

« En résumé, quant aux mœurs du phylloxera, les observations dues à la science n'ont pas été décisives, mais sont loin d'être restées stériles.

« Si les grosses racines sur lesquelles le phylloxera se fixe en hiver dépérissent, c'est que l'insecte hibernant n'est pas engourdi et continue à se nourrir de leur suc, son suçoir implanté dans leur tissu.

« Si la vigne meurt, c'est que toutes ses radicelles ont été attaquées par l'insecte, et que ses piqûres déterminent la formation de nodosités qui pourrissent en hiver, ce qui prive la vigne de ses organes nourriciers.

« Dès le milieu d'avril, le phylloxera commence à pondre, et tous ses œufs, les œufs d'été, ordinairement en nombre effrayant, produisent des familles voraces et fécondes, se multipliant à l'infini sous la forme aptère et destinées à vivre et à mourir dans un étroit rayon.

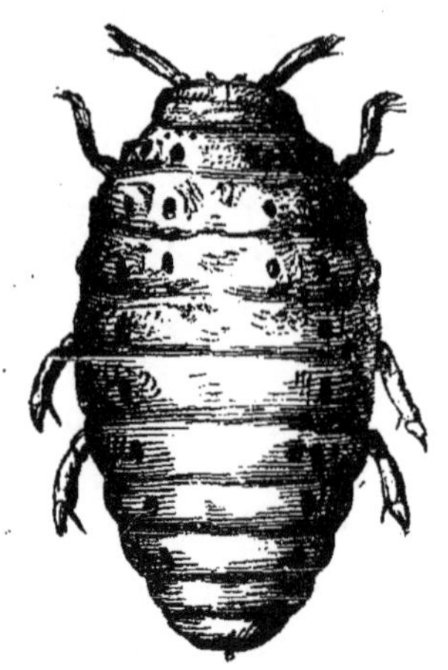

Femelle aptère, vue en dessus.

« Pour se transporter au loin et créer de nouvelles familles, l'insecte prend une nourriture choisie, devient ailé et va pondre à distance des œufs capables de donner des individus sexués, destinés à l'accouplement et privés de suçoirs et d'organes digestifs.

« De ceux-ci sortent des familles dont le œufs, les œufs d'hiver, passent l'hiver sans éclore et qui, au printemps, deviennent le point de départ d'une nombreuse famille dont toutes les femelles se trouvent fécondes pendant de longues générations. »

*
* *

Depuis que ces choses ont été dites, la science, qui ne s'endort pas, quoi qu'on en dise, a complété ses études sur les mœurs et les coutumes de l'ennemi, mais comme elle en savait assez déjà pour pouvoir le prendre par ses côtés faibles, elle s'est occupé surtout à forger des armes pour le combattre.

Nous allons indiquer ici ces moyens, la plupart efficaces, et qui le seraient peut-être tous si on les appliquait avec la constance et surtout avec l'ensemble nécessaire.

Car — et c'est là le côté désastreux du fléau, — un traitement partiel, eût-il les effets les plus satisfaisants, est à peu sans résultats si toutes les vignes d'une même région ne le subissent pas en même temps ; puisqu'il suffit d'une seule femelle de phylloxera pour se créer, en une saison, une famille de vingt millions d'individus avides de nourriture et prêts à la prendre partout où ils la trouveront, en choisissant de préférence les vignes les plus saines, parce que les racines et radicelles en sont plus succulentes.

Mais, qui obligera jamais les propriétaires d'un même canton à soigner leurs vignes, par les mêmes moyens, et surtout à la à la fois. Ce serait pourtant plus simple, plus économique, puisque les mêmes appareils pourraient servir à tout le monde. Ce serait aussi plus sûr, on peut même dire qu'il n'y aurait que cela de sûr, mais cela ne se fera jamais, parce que dans notre pays où chacun se croit plus malin que son voisin, l'entente est impossible, et toujours une vigne infectée empoisonnera les autres.

Et voilà pourquoi le phylloxera est toujours en permanence dans les contrées atteintes; il n'y fait pas de grands progrès, parce qu'il y a partout des propriétaires qui soignent leurs vignes et ce sont généralement ceux qui en ont le plus, mais il reste stationnaire parce qu'il y en a d'autres qui restent les bras croisés, en attendant que le moment soit venu d'arracher leurs vignes complètement détruites.

Eh bien! cette inertie est coupable; sans doute on a toujours le droit de se ruiner, on n'est responsable que vis-à-vis de sa famille que l'on prive du bien-être, mais on n'a pas le droit de ruiner ses voisins; et c'est le fait d'un vigneron qui entretient un foyer d'infection, dans un canton dont tous les autres épuisent leur temps et leur argent, pour détruire un fléau toujours renaissant.

Malheureusement il en sera toujours ainsi, tant qu'une loi n'aura pas déclaré d'utilité publique, le traitement de *toutes* les vignes dans les régions phylloxérées.

En attendant, donnons les remèdes pratiques avec lesquels on peut, sinon faire disparaître complètement le mal — ce qui n'est possible que par des opération d'ensemble — du moins enrayer notablement ses progrès.

DESTRUCTION DE L'ŒUF D'HIVER

Parlons d'abord de la destruction de l'œuf d'hiver qui est à la fois l'opération la plus facile et la plus insuffisante.

On sait que les œufs d'hiver qui ont pour rôle de renouveler la fécondation des générations souterraines sont déposés par les sexuées femelles sur le bois de la vigne, il n'y a donc qu'à les chercher pour les faire disparaître.

Les chercher est une œuvre de patience, vu leur imperceptibilité à l'œil nu, on a plus tôt fait de mettre en traitement tous les ceps.

Il y a pour cela plusieurs méthodes, d'abord un gant à mailles d'acier inventé par M. Sabate, et dont on se sert pour décortiquer les ceps par un simple frottement; par exemple il faut avoir soin d'enlever toutes les écorces et de les brûler afin d'être plus sûr d'anéantir les œufs.

Un ébouillantage bien fait peut suppléer à ce système, mais comme il n'est pas toujours très facile de transporter de l'eau bouillante dans les vignes champêtres, le moyen le plus usité est le badigeonnage imaginé par M. Boiteau et qui le premier l'employa avec succès dans un vignoble près de Libourne; de nombreuses expériences faites par M. Laffitte aux environs d'Agen ont prouvé qu'il réussissait tojours, pourvu qu'il fût appliqué un peu avant l'éclosion de l'œuf d'hiver, c'est-à-dire de février en avril selon les climats.

M. Maurice Girard, auteur d'un très intéressant travail sur le phylloxera, qui devrait être dans les mains de tous les vignerons, a donné dans ce petit livre la recette de ce badigeonnage qui se compose ainsi :

Huile lourde de houille	2	parties
Carbonate de soude. .	1	—
Eau pure.	2	—

Il ajoute ceci.

« On fait bouillir pendant une heure à un feu doux, en remuant le mélange. On obtient ainsi les *eaux-mères*, qu'on conserve et qu'on transporte dans les barriques usuelles. On mélange ultérieurement un litre de ces eaux-mères avec neuf litres d'eau, et c'est ce dernier liquide qu'on emploie au badigeonnage avec un pinceau.

« On a donc sur 100 parties : huile lourde 4, carbonate de soude 2, eau pure 94. L'élément toxique est l'huile lourde. La puissance dans l'écorce en est considérable, et employée pure, elle tuerait certainement la vigne. Le carbonate de soude produit une saponification incomplète et insuffisante, il est vrai; l'eau dissout très imparfaitement le mélange, qui est instable et qui doit être remué longtemps et avec soin dans la barrique à eaux-mères, toutes les fois qu'on y puise avec les bidons qui sont remis à chaque ouvrier.

« Des perfectionnements ont été récemment apportés par MM. Balbiani et Henneguy, à l'opération du badigeonnage des ceps en hiver. Le mélange d'eau et d'huile lourde à 4 0/0, d'après les formules de MM. Boiteau et de Laffitte, n'a qu'une faible puissance de pénétration dans l'écorce, à raison de la grande quantité d'eau mêlée à l'huile lourde, de sorte que les œufs placés à la périphérie sont seuls atteints et détruits ceux du milieu de l'écorce restant hors de portée du liquide et conservant leur vitalité. Le nouveau liquide employé est un mélange composé de 9 parties de goudron de houille et 1 partie d'huile lourde, en opérant le mélange au maximum sur 9 kilogrammes de goudron contre 1 kilogramme d'huile lourde, afin d'avoir un mélange bien intime. On se procure les deux substances aux usines à gaz les plus voisines, afin de réduire le plus possible les frais de transport. Dans le badigeonnage, le mélange sera étendu à l'aide d'un pinceau plat sur tout le bois jusqu'au collet de la plante, en ayant soin de respecter les bourgeons.

« L'application du badigeonnage devra toujours être faite pendant l'arrêt de la végétation, de novembre à fin février. La taille la précédera et sera avancée, pour cette raison, dans les pays où elle se fait d'ordinaire tardivement. Il ne faudra pas traiter par les temps humides; les souches devront toujours être bien sèches. Si les vignes sont vieilles et à écorces épaisses, on n'effectuera le badigeonnage qu'après avoir pratiqué une décortication superficielle, une fois pour toutes, ne devant pas être renouvelée chaque année. Dans le cas de vignes jeunes et à écorces minces, le décortirage ne sera pas nécessaire; il serait même dangereux. »

Pour si excellent qu'il soit, ce traitement est toujours incomplet, d'abord s'il tue par extension les gales — que l'on voit, assez rarement du reste, sur les feuilles de nos vignes phylloxérées — il ne s'attaque qu'aux œufs d'hiver et ne les détruit pas tous, car il n'est pas du tout prouvé qu'ils soient tous déposés sur le bois des vignes, il est même très probable que quelques-uns sont pondus sur le sol par des familles sexuées apportées par le vent.

L'ARRACHAGE

L'arrachage des ceps est un remède héroïque et peut-être le meilleur de tous, seulement il n'a de raison d'être que tout à fait au début de la contagion phylloxérique.

Mais il ne s'agit pas d'arracher seulement les ceps attaqués, le centre de la tache, il faut faire le sacrifice d'un certain nombre d'autres qui pourraient l'être, et qui ont vraisemblablement déjà dans leurs radicelles la cause du mal.

Encore ne faut-il pas opérer sans avoir eu, au préalable, la précaution d'arroser d'un liquide empoisonné le sol où l'on déposera les souches, au fur et à mesure de leur arrachage, aussi bien que celui sur lequel marcheront les ouvriers; de bouleverser profondément la terre autour des ceps sacrifiés et de la mêler à de la chaux vive; ensuite il faut avoir soin de brûler, après les avoir arrosées de goudron, toutes les racines sacrifiées.

Si l'on ne fait pas cela, il n'y a aucun résultat à espérer; car un seul phylloxera qui resterait suffirait pour repeupler tout le vignoble et la contagion peut être transportée plus loin, tout simplement par le contact des outils ou même par celui des chaussures des hommes.

Il est un peu tard, maintenant que le mal est si répandu, qu'il est quasi presque partout où il y a de la vigne, pour préconiser ce système, mais il peut être encore très efficace dans les contrées jusqu'alors indemnes, à la condition toutefois que toutes les *taches* d'attaques soient arrachées en même temps, autrement c'est du temps et l'argent perdus.

Les moyens curatifs recommandés, selon les cas, par les commissions et les savants officiels, pour la destruction de l'insecte des racines, sont de deux sortes, il y a les procédés mécaniques qui comprennent la submersion, le tassage et l'ensablement; il y a les procédés chimiques ou toxiques, qui consistent à empoisonner les phylloxeras par le sulfure de carbone ou le sulfo-carbonate de potasse. Nous allons les examiner l'un après l'autre.

SUBMERSION

Le phylloxera ne craint pas l'eau, mais il n'aime pas qu'on en abuse; les pluies ordinaires favorisent son développement, mais si elles persistent, si elles détrempent le sol, au point de faire de la boue autour des racines, l'insecte peut très bien en mourir.

D'où il s'ensuit que le système de la submersion est excellent : il s'appuie du reste sur des expériences décisives, comme celle que M. Faucon a faite dans son vignoble du Mas de Fabre, près d'Avignon, dont la résurrection est devenue classique.

« Son domaine — a dit M. Dumas, dans le mémoire déjà cité — rapportait 925 hectolitres de vin en 1867. Il a été attaqué par le phylloxera, la récolte a été réduite à 400 hectolitres et dans la deuxième année elle n'a donné que 35 hectolitres. Alors M. Faucon a inondé son vignoble à l'automne, quand la végétation de la vigne était suspendue et ne pouvait pas être troublée. Au printemps, après quatre mois d'immersion, il a reconnu que le phylloxera avait disparu. Les ceps n'avaient pas souffert; la vigne renaissait et la récolte revenait à 120 hectolitres. Elle était de 450 hectolitres l'année suivante et était rétablie à son taux normal de 849 hectolitres dans la troisième année et les suivantes. Tel est le fait dans sa simplicité.

« Ce procédé est-il applicable partout, et dans tous les cas? On aurait grand tort de l'affirmer. Toutes les vignes ne sont pas en position d'être aisément inondées, tous les cépages ne se prêteraient peut-être pas à subir un bain de quatre mois tous les ans. On ignore si la qualité du vin ne serait pas modifiée.

« Mais avant de parler de la qualité, il fallait s'occuper de l'existence même de la récolte qui était compromise, et qui, rétablie, s'est faite dans des conditions telles que le vin récolté s'est bien vendu. I' est donc certain que dans la situation où il se trouvait il a obtenu le succès qu'il cherchait. Il a tué par submersion tous les phylloxeras qui existaient dans son domaine. Il ne pouvait cependant pas s'en tenir à une seule opération. Il a dû recommencer chaque année, parce qu'il est entouré de voisins infectés, qui lui envoient sans cesse de nouveaux insectes, et il devra renouveler cette opération tant qu'il y aura des phylloxeras dans la contrée. »

C'est l'inconvénient des traitements partiels, qui, quelque système qu'on emploie, sont toujours à recommencer.

Mais l'inondation n'a pas besoin de durer tout l'hiver; quarante jours de submersion suffisent amplement pour noyer les phylloxeras.

Malheureusement l'emploi de ce système ne peut être que fort restreint, la plupart des vignes étant plantées sur des coteaux, ou à de trop grandes distances de l'eau pour que la submersion soit pratique, c'est-à-dire n'entraînant pas à des frais que la récolte ne saurait couvrir.

LE TASSAGE

M. Maxime Cornu a remarqué dans les vignobles du Midi, et particulièrement dans les environs de Montpellier, que les ceps plantés en bordure de sentiers très battus sont peu attaqués relativement à leurs voisins, et il a, fort justement d'ailleurs, attribué cette immunité au tassement de la terre, qui ne laissait pas autour des racines suffisamment d'air pour faire vivre les phylloxeras.

Cette observation se trouvant confirmée par ce fait que les vignes en treille plantées le long des maisons, en terrains compacts qui ne sont jamais bêchés, ne sont point attaquées par le pernicieux insecte, on en a conclu qu'un tassage de la terre au pied des ceps pourrait être, sinon dans tous les cas un moyen curatif, au moins un excellent moyen préservatif.

Ce traitement ne semble pas avoir été appliqué en grand, mais les expériences faites ont donné des résultats; sans doute la vigne souffre, puisque ses racines ne trouvent point dans la terre fortement tassée, la nourriture qu'elles sont habituées à prendre dans les terres labourees et remuées plusieurs fois, pour faciliter l'aérage, mais après quelques années de gêne, préservée ou délivrée des phylloxeras, elle reprendrait sa vigueur de végétation, pourvu toutefois que le traitement soit fait dans toute une région.

L'ENSABLEMENT

L'ensablement est encore un procédé, qui comme la submersion ne peut être appliqué que dans des cas spéciaux, c'est-à-dire quand on a le sable à peu de distance et que les frais de charrois et de main-d'œuvre peuvent être couverts par le rendement.

C'est du reste, une sorte de submersion solide, presque aussi efficace que la submersion liquide, avec cette différence pourtant que son emploi réitéré rend le terrain impropre à toute autre culture. Mais la vigne se plaît bien dans les terrains sablonneux, et de nombreuses observations suivies d'expériences faites par MM. Lichtenstein et Espitalier ont prouvés qu'elle y végétait indemne de tout phylloxera.

En effet, l'insecte que ses migrations y amènent, y meurt bien vite sans pouvoir s'y reproduire, car le sable se tassant tout naturellement il ne peut circuler entre les racines, encore moins, trouver un passage pour pénétrer des ceps sous le sol.

C'est donc là un moyen préservatif et curatif, que l'on peut préconiser partout où cela se peut, c'est-à-dire où l'on a le sable à portée, mais dans ce cas il ne faut pas négliger de déchausser profondement chacun des ceps, pour noyer les racines dans le sable, et cela peut revenir assez cher.

Le moyen le plus économique d'utiliser ce procédé c'est de planter des vignes dans les sables... C'est ce que l'on a fait aux environs d'Aigues-Mortes, et avec de si excellents résultats que le gouvernement a autorisé l'aliénation des terrains sablonneux appartenant à l'Etat dans cette région, en faveur des particuliers qui en feront la demande, pour les employer à la culture de la vigne.

PROCÉDÉS CHIMIQUES

Les moyens chimiques sont des procédés curatifs plus généraux ; ils peuvent être employés partout et avec succès, si l'on veut ne se servir que des gaz recommandés par les commissions supérieures, parce qu'ils ont fait leurs preuves.

Mais les procédés sont coûteux, car il faudra les renouveler tous les ans jusqu'au jour — dont l'arrivée n'est guère probable — où les traitements ayant été faits simultanément sur des contrées entières, le phylloxera aura disparu de nos vignobles.

C'est un état de frais annuels à ajouter aux autres dépenses d'exploitation, la question particulière à chaque propriétaire est de savoir si le produit d'un vignoble peut lui permettre de supporter cette nouvelle dépense, s'il ne le peut pas, même en comptant sur une augmentation rationnelle du prix des vins, ce vignoble doit disparaître ; c'est l'intérêt du propriétaire, mais c'est aussi l'intérêt commun.

En présence du fléau dévastateur, il faut absolument que tout le monde soigne ses vignes. Ceux qui ne le peuvent pas, doivent les arracher, car ils n'ont pas le droit d'entretenir un foyer d'infection qui en donnant des aliments à la propagation de la maladie, menace la production du pays tout entier.

Le phylloxera a déjà diminué notre fortune viticole de plus d'un milliard de revenus annuels, c'est beaucoup trop mais c'est assez ; il faut en finir, coûte que coûte, avec cet insecte funeste qui boit tout notre vin par les racines.

On le peut, on en a véritablement les moyens, il n'y a plus qu'à vouloir.

SULFURE DE CARBONE

Bien des toxiques ont été proposés et même expérimentés, mais c'est avec le sulfure de carbone qu'il faut attaquer le phylloxera, si l'on veut obtenir des résultats satisfaisants.

Cette substance, assez dangereuse à cause des mélanges explosifs qu'elle peut former avec l'air, s'emploie de deux façons, soit à l'état direct, soit à l'état indirect dans le sulfo-carbonate de potasse, mais dans l'un ou l'autre cas, c'est toujours le même gaz toxique qui agit.

L'emploi direct a été préconisé par la compagnie des chemins de fer de Paris-Lyon-Méditerranée, desservant les régions primitivement phylloxérées, et grâce à des préparations mieux faites et à un appareil injecteur perfectionné, il est maintenant absolument sans danger, et du reste fort usité.

M. Maurice Girard va nous donner de précieux détails sur ce procédé.

« Les expériences de la Compagnie, dit-il, ont été dirigées par deux naturalistes distingués, M. Marion, professeur à la Faculté des sciences de Marseille, et M. Catta, professeur au lycée de Marseille. Le sulfure de carbone est introduit dans le sol au moyen du *pal injecteur Gastine*, dont nous parlerons plus loin. On est arrivé à *maintenir* en récolte satisfaisante beaucoup de vignes, en opérant deux traitements par an, le premier de novembre à mars inclusivement, le second en juin. Chaque traitement doit être suivi d'une forte fumure avec chlorure de potassium, pour fortifier la vigne. Souvent on peut se contenter d'un seul traitement, à doses plus forte. Ordinairement on fait quatre trous de pal par mètre carré, avec 6 à 10 grammes de sulfure de carbone par trou, de façon à donner environ 15 grammes de vapeurs toxiques par mètre carré et 30 à 35 grammes en deux fois, si l'on fait deux traitements. Ces doses ne peuvent être données que si les plants sont encore suffisamment vigoureux. Il est bon de les diminuer si les souches sont déjà très affaiblies et n'offrent plus que de rares radicelles, si l'on opère sur de très jeunes vignes. L'injecteur doit être introduit verticalement, autant qu'on le peut, et aussi profondément que le terrain le permet L'observation prouve que les racines s'étendent d'une souche à l'autre, de telle sorte qu'aucune portion du vignoble ne peut être considérée comme dépourvue de phylloxera. Cette remarque s'applique même aux plantations avec rangées intercalaires d'autres cultures. Les racines des vignes, attirées par l'engrais de la culture intercalaire, tracent en dessous et y portent leurs insectes, de sorte que les trous de pal avec sulfure de carbone devront aussi être donnés dans la rangée de culture intercalaire, ce qui est important pour répartir le compte de frais. On est étonné de la longueur que peuvent prendre les racines d'une seule vigne. J'en rencontrais fréquemment de 3 à 4 mètres dans de vieilles vignes de *folle blanche*, un des meilleurs cépages à eau-de-vie de la Charente, et des personnes m'ont assuré en avoir vu de 10 mètres. Il est donc nécessaire, pour obtenir des effets insecticides complets, d'introduire le sulfure de carbone dans le sol, de manière que la distribution des vapeurs soit aussi uniforme que possible. Il faut tenir compte, avant tout, de la surface du champ, et la dose de sulfure de carbone doit être attribuée non à chaque pied de vigne, mais à chaque mètre carré.

« La Compagnie Paris-Lyon-Méditerranée livre sur demande, aux viticulteurs, le sulfure de carbone et les injecteurs nécessaires à son emploi : le liquide à 45 francs les 100 kilogrammes, et l'injecteur amélioré au prix de 40 francs. Le tout livré en gare d'arrivée (réseau du Paris-Lyon-Méditerranée).

« Le pal injecteur Gastine, à sulfure de carbone, est une sorte de pompe à compression, d'une forme spéciale, insérée dans l'axe d'un tube en fer servant de pieu. La portion supérieure de l'instrument est munie de deux branches horizontales ou manettes, servant à saisir ou à enfoncer l'appareil. Sous les manettes se trouve un réservoir en zinc qui contient la provision de sulfure de carbone nécessaire pour alimenter la pompe, et, immédiatement au-dessous du récipient, une pédale sert à compléter l'action exercée en haut sur les manettes. Le sulfure de carbone pénètre dans le corps de pompe par plusieurs orifices, qui sont alternativement couverts ou découverts par le passage du plongeur compresseur. La partie terminale de l'instrument est de forme conique, pour faciliter la pénétration; elle est construite en acier. A la partie inférieure du pieu, dans la pièce en acier, portant le cône, se trouve incérée une soupape de retenue, et qui ne s'ouvre que sous l'effort d'une compression de haut en bas. Cette soupape se compose d'un clapet actionné par un ressort. En dessous et sur le côté, un orifice donne issue au sulfure de carbone, qui est poussé dans le sol.

« Le pieu étant enfoncé dans le sol le plus bas possible, l'injection du sulfure de carbone est obtenue par un seul mouvement. Il suffit de presser avec la paume de la main le bouton large et plat qui termine la tige du plongeur, au-dessous du récipient. Ce plongeur s'abaisse rapidement dans la chambre de dosage, dont la partie supérieure est munie d'une garniture de Bramah en cuir, laquelle assure un rendement uniforme. Le plongeur refoule au dehors, par l'étroite ouverture située à l'extrémité inférieure du pieu, une proportion de sulfure de carbone égale au volume déplacé. Pour diminuer la dose, il suffit de réduire la course du plongeur. On obtient facilement ce résultat en ajoutant ou en retirant une ou plusieurs des rondelles de cuir, qui, en s'enfilant sur la tige du plongeur, diminuent la longueur de sa course. La hauteur de ces rondelles mobiles est calculée pour que chacune d'elles représente exactement un gramme de sulfure de carbone. L'instrument, sans aucune rondelle, donne 10 grammes de sulfure de carbone par coup de piston. En enfilant une rondelle sur la tige, on diminue cette dose d'un gramme, et, en ajoutant 2, 3, 4 ou 5 rondelles, on a, au lieu de 10 grammes, 6, 7, 8 ou 5 grammes. L'opérateur peut donc bien facilement fixer le débit de l'instrument à la dose recommandée dans les tableaux de traitements. Quant au maniement de l'appareil, il est des plus aisés. L'ouvrier enfonce le pieu, en appuyant *en même temps* sur les manettes et sur la pédale, jusqu'à ce qu'il ait atteint la couche résistante du sous-sol; avec la main droite, il appuie vivement sur le bouton plat terminant la tige du piston; il retire ensuite l'injecteur et ferme le trou d'injection aussi parfaitement que possible, en tassant très fortement le sol avec le pied. Dans le cas où le sol opposerait une trop grande résistance à la pénétration par le procédé indiqué, c'est-à-dire en agissant simultanément par simple pression, sur les manettes et sur la pédale, il faudrait absolument faire usage d'un avant-pal pour préparer les trous. Le réservoir contient 4 kil. 450 de sulfure de carbone, soit environ la quantité nécessaire à 633 trous, travail d'un tiers de la journée. L'appareil, rempli de sulfure de carbone, pèse 9 kil. 100. »

Ce remède guérit, cela ne fait plus de doute, pas radicalement, parce qu'on n'opère pas à la fois sur la masse des vignes d'un canton et qu'il reste toujours quelque femelle pour se créer bien vite une nouvelle famille de ravageurs, mais il maintient en récolte ordinaire les vignes que l'on traite isolément: ce qui est déjà magnifique.

Maintenant, il y a une autre façon d'appliquer directement le sulfure de carbone sans appareils injecteurs, c'est d'employer les cubes inventés par M. Rohart et que l'on trouve tout préparés.

Ces cubes sont des enveloppes de gélatine, remplies par émulsion, de sulfure de carbone, ils sont gros comme une petite pomme de terre et contiennent chacun de 13 à 14 grammes de sulfure.

On en place trois en triangle, autour de chaque cep, à une profondeur de 40 à 60 centimètres, selon les terrains. Au bout de quelques jours, la gélatine, au contact de l'humidité de la terre, commence à se ramollir, puis elle se liquéfie graduellement, en laissant échapper, de même, le sulfure de carbone qu'elle contient et dont le gaz, imprégnant la terre voisine, détruit rapidement les phylloxeras qui s'y trouvent.

Avec un procédé comme avec l'autre le traitement doit être suivi d'un bon engrais potassique; il ne doit pas être fait par un temps de grande pluie, sans courir les chances d'empoisonner la vigne plus sûrement que ses parasites.

De plus, le traitement direct ne réussit pas dans les terres trop pierreuses et dans celles où la couche végétale manque de profondeur, parce que le gaz toxique se dissipe trop vite dans l'air.

C'est à cause de cela qu'on a inventé l'emploi indirect du sulfure de carbone, au moyen des sulfo-carbonate de potasse.

SULFO-CARBONATE DE POTASSE

Ce sulfo-sel a été découvert par Jean-Baptiste Dumas, qui voulait résoudre le problème de produire sur place les gaz toxiques sulfurés, au moyen d'une substance qui les dégage peu à peu, sous l'action combinée de l'eau avec l'acide carbonique contenu dans les terres végétales.

Formé d'une combinaison de sulfure de carbone avec du sulfure de potassium, le sulfo-carbonate est le meilleur insecticide qui existe, car mis en dissolutiou dans le sous-sol, il laisse dégager de l'acide sulfhydrique et du sulfure de carbone qui tous deux ont une grande action sur le phylloxera ; puis, ce qui est fort appréciable, lorsque tous les gaz toxiques sont évaporés, il reste dans le sol du carbonate de potasse qui constitue une excellente fumure, la plus propre à redonner de la vigueur à la vigne épuisée.

Le traitement par le sulfo-carbonate — qui a été propagé surtout par M. Mouillefert — n'est pas difficile, mais il demande de l'eau et en assez grande quantité pour qu'il ne soit pas très pratique partout.

Mais, à moins d'avoir à traiter de très grandes étendues,

très éloignées des habitations ou des rivières — ce qui est assez rare — on y arrive néanmoins.

Il faut commencer par enfermer chaque mètre carré de terrain d'une sorte de bourrelet de terre qui en fait une cuvette, soit autour d'un seul cep comme dans le Bordelais et les Charentes, soit en comprenant deux ou plusieurs comme dans la Bourgogne et les pays où l'on plante les ceps à trente pouces de distance. Cela, du reste, ne fait rien au traitement, et l'on donne aux cuvettes une superficie d'un mètre carré, pour mieux savoir ce que l'on fait.

Dans chaque cuvette on verse de quarante à cinquante grammes de sulfo-carbonate de potasse, mélangé dans une quantité d'eau qui varie entre huit et quinze litres, selon le plus ou moins de porosité ou d'humidité du terrain, puis, quand le mélange qu'on a répandu dans toute la largeur de la cuvette a été bu par la terre, on verse à nouveau une dizaine de litres d'eau pure, pour précipiter plus profondément la solution toxique.

Cela paraît long, mais cela ne l'est pas, car on fait d'avance son mélange que l'on apporte dans des tonneaux (à moins qu'on ait l'eau sur place), et au moyen d'un arrosoir de la contenance nécessaire, on verse juste à chaque cuvette la quantité de solution qui lui convient; on en fait autant pour l'eau pure et deux hommes qui s'entendent bien peuvent abattre de la besogne.

Dans les expériences que M. Mouillefert a faites près de Cognac, aussi bien que dans celles de la Gironde, de la Dordogne et de l'Hérault, il n'a pas fallu plus de huit à dix ouvriers pour traiter un hectare de vigne dans leur journée de dix heures.

A moins qu'il ne faille aller chercher l'eau à plusieurs kilomètres, le prix de revient, main-d'œuvre comprise, est en moyenne de 234 francs par hectare, desquels il faut déduire, en fait, une cinquantaine de francs, somme équivalente à la valeur de l'engrais potassique que le sulfo-carbonate de potasse a laissé dans la vigne.

A ces conditions il y a bien peu de vignes où le traitement ne soit pas possible, d'autant qu'il existe une Société nationale contre le phylloxera, qui a des ouvriers expérimentés, des appareils et des tuyaux de canalisation pour amener les eaux et qui se charge des opérations pour le compte des propriétaires; ce qui est surtout appréciable pour ceux fort nombreux dont les vignes sont très morcelées.

Cette Société a traité pendant l'année 1882, ou elle a en quelque sorte commencé ses opérations, 2,225 hectares de vignes appartenant à 393 propriétaires et dans lesquelles il a été versé 821,317 kilogrammes de sulfo-carbonate de potasse.

Depuis, ces chiffres n'ont fait qu'augmenter d'année en année.

C'est ainsi, du reste, qu'on peut arriver à arrêter le fléau, mais seulement ainsi, car ce n'est que par la création de pareilles associations que l'on pourra traiter victorieusement des régions entières (première condition du succès) d'un seul bloc et sans autres ennuis pour les propriétaires, petits et grands, que de contribuer aux frais, proportionnellement à la contenance de leurs parcelles de terrain.

Ce qui, en somme, n'a pas dépassé, dans les opérations les plus coûteuses, entreprises par la Société nationale, de 2 fr. 50 à 3 francs par are.

C'est évidemment là qu'est le salut

L. Huard.

TABLE DES MATIÈRES

	Pages.
Destruction de l'œuf d'hiver	16
L'arrachage	19
Submersion	20
Le tassage	21
L'ensablement	22
Procédés chimiques	23
Sulfure de carbone	24
Sulfo-carbonate de potasse	28

Sceaux. — Imp. Charaire et Cie

www.ingramcontent.com/pod-product-compliance
Ingram Content Group UK Ltd.
Pitfield, Milton Keynes, MK11 3LW, UK
UKHW012305240726
13966UKWH00004B/1660